Die

Cholera in Syrien

und

die Choleraprophylaxe in Europa.

Von

Max von Pettenkofer.

Separatabdruck aus Band XII. der Zeitschrift für Biologie.

München 1876.

Druck und Verlag von R. Oldenbourg.

Die Cholera im Jahre 1875 in Syrien hat durch ihr ganz unerwartetes Erscheinen, durch stellenweise sehr heftiges Auftreten gegenüber verschont bleibenden Orten und Distrikten, und endlich durch ihre enge geographische Begränzung das Interesse im Orient und Occident vielfach erregt. Was die Consuln, die politischen Blätter und die Gazette médicale d'Orient darüber gemeldet haben, gibt zwar noch kein vollständiges Bild der ganzen syrischen Epidemie, und wäre eine möglichst genaue und umfassende Darstellung derselben durch eine sachkundige Hand an Ort und Stelle eine dankenswerthe Aufgabe, aber schon das Wenige, was einstweilen über die Cholera in Hama, in Damaskus und in Beirut, sowie über das Verhalten des Libanon dazu bekannt geworden ist, regt zu Vergleichen mit den Choleraausbrüchen in Europa an, und legt es nahe, die gegen die Choleraverbreitung zur Anwendung kommenden Massregeln einer Prüfung auf ihren Erfolg zu unterwerfen, um endlich darüber schlüssig zu werden, ob auf der bisherigen Bahn practisch ein Ziel zu erreichen ist, oder ob es gerathen sei, andere Wege zu betreten und die bisherigen zu verlassen.

Ich werde, um zu zeigen, dass die Cholera in Syrien und die Massregeln dagegen wesentlich mit dem übereinstimmen, was wir in Europa vor unsern Augen haben, zunächst einige sprechende Züge aus der syrischen Epidemie mittheilen, dann zur Frage übergehen, was daraus zu lernen und zu schliessen ist, um zuletzt in Erwägung zu ziehen, welchen Standpunkt die Praxis und die Politik in dieser wichtigen gesundheitswirthschaftlichen Frage mit Aussicht auf Erfolg wählen können, und welche Standpunkte unfruchtbar erscheinen. Ich hoffe die Ueberzeugung rechtfertigen und begründen zu können, dass die Zeit gekommen sei, in der man anfangen kann, neben Handels- und Eisenbahn-Politik auch etwas Gesundheitswirthschaft zu treiben, um den Uebeln des gesteigerten Verkehrs entgegenzuarbeiten, ohne die Wohlthaten desselben entbehren zu müssen. Der Leser wird es entschuldigen, wenn ich bei dieser Gelegenheit Manches vorbringe, was nicht gerade neu ist, ja wenn ich Manches schon gesagte fast wörtlich wiederhole, um dieses mein Ziel zu erreichen.

_____

I. Die Cholera 1875 in Syrien.

Nachdem Syrien im Sommer 1865 schwer mit Cholera heimgesucht worden war, hatte das Land Ruhe bis dieses Jahr, wo im April zuerst Hama ergriffen wurde, eine Stadt von etwa 30000 Einwohnern mit einer Garnison, am Orontes zwischen Damaskus und Aleppo gelegen. Weit und breit um Hama und in Syrien war keine Cholera, als sie plötzlich im Militärspital in einem Theile dieser Stadt ausbrach.

Der Ausbruch in Hama erfolgte ganz unerwartet. Weil er so isolirt war, hoffte man ihn auf den kleinsten Raum beschränken zu können und umgab den Ort des Ausbruchs mit einem militärischen Cordon, den man erst wieder aufgab, als trotz ihm die Krankheit auch auswärts erschienen war, und man also überzeugt sein musste, dass der Cordon seinen Zweck nicht mehr erfüllen konnte. Es wäre von grossem Interesse, eine genaue Darstellung dieses Cordons zu haben, sowohl darüber, was vorgeschrieben war, als auch was, und wie es wirklich zur Ausführung kam.

Damaskus, Aleppo, Antiochia, Lattackie, Tiberias, Tripolis, Saida, Hauran, Jebleh, Beirut hatten Cholera, und sporadische Fälle kamen auch in mehreren Orten auf dem Libanon vor. Die Höhe erreichte die Krankheit im Monat August, und am meisten hatte Damaskus davon zu leiden, wo sie von Ende Juni bis Mitte August dauerte, wohin sie von Soldaten geschleppt worden sein soll, welche beim Cordon um Hama verwendet waren, und wo 9319 Menschen, darunter 8894 Muhamedaner, 278 Christen und 147 Juden gestorben sein sollen, was mehr als 6 Prozent der Bevölkerung von 150000 entspräche.

Andere Städte Syriens waren diessmal besser daran und zeigte die Epidemie im Vergleich mit 1865 geringere Intensität. In Beirut z. B. wurde der erste Todesfall am 27. Juli constatirt, und zwar an einer Frau, welche Tags zuvor bereits cholerakrank aus Damaskus gekommen war. In Beirut trat die Krankheit sehr milde auf und erreichte die grösste Ausdehnung vom 5. bis 20. August, in welcher Zeit täglich im Durchschnitt 6 Personen derselben erlagen, die höchste Zahl an einem

Tage betrug 12. Beirut hat gegenwärtig etwa 60000 Einwohner. Vom 27. Juli bis 1. September starben:

von Muhamedanern 22 Männer, 30 Frauen, 19 Kinder, Summa 71
„ Christen 32 „ 25 „ 8 ⸗ „ 65
„ Juden 3 „ 4 „ — „ „ 7

Summa 143

bis zum 15. September starben weiter noch 10 Personen an Cholera.

Zu diesem milden Auftreten der Krankheit in Beirut glaubt man hätten namentlich 3 Momente wesentlich beigetragen:

1) Die zahlreiche Auswanderung nach dem Gebirge, an welcher sich etwa drei Viertheile der Gesammtbevölkerung betheiligt haben.

2) Die Vorsorge des Mutasseriff für Aufrechthaltung der Reinlichkeit in der Stadt und für Beschaffung der nöthigen ärztlichen Hilfe, und endlich

3) die ausnahmsweise niedrige Temperatur, welche während der Dauer der Epidemie in der Stadt geherrscht hat. Wenn aber wirklich von 60000 Einwohnern 45000 geflohen waren, und die 153 Todesfälle sich nur auf 15000 Zurückgebliebene vertheilen, dann war die Epidemie doch ziemlich heftig und starben binnen wenigen Wochen mehr als ein Prozent der zurückgebliebenen Bevölkerung.

Der Gouverneur von Beirut ist in seinen Bemühungen, den Gesundheitszustand der Stadt zu einem möglichst günstigen zu gestalten, namentlich von der Ottomann'schen Bank, dem deutschen und französischen Consulate, den Kaiserswerther Diakonissinen und den französischen Soeurs de Charité unterstützt worden. Die Diakonissinen waren durch Geldmittel, theils vom deutschen Consulate, theils aus freiwilligen Beiträgen im Stande, mehr als 2 Monate lang täglich 450 Arme zu speisen. Dieses Vorgehen hat die Schrecken und Schäden der Seuche gewiss vielfach gemildert und verdient alle Anerkennung.

Wie kam aber nun die Cholera in diesem Jahre nach Hama, das man, wenn man sich auf den gewöhnlichen Standpunkt stellt, als den Infektionsheerd von ganz Syrien betrachten muss.

Man dachte zunächst an Einschleppung durch Kranke von aussen, und zwar durch Soldaten, denn kurz zuvor war eine Anzahl Rekruten angelangt, und im Militärspitale zeigte sich die Epidemie zuerst. Aber eine nähere Untersuchung, welche die Gazette médicale d'Orient und daraus das Journal de Smyrne vom 28. August 1875 mittheilt, hat alsbald herausgestellt, dass die Rekruten sämmtlich aus Albanien über Beirut und Damaskus gekommen waren, und dass diese weder während der

Ueberfahrt zur See nach Kleinasien, noch während der Reise zu Lande mit einem choleraverdächtigen Orte oder mit Provenienzen daraus in Berührung waren.

Dann sagte man: die Cholera sei schon seit dem Winter in Hama gewesen und dort durch eine persische Pilgerkarawane eingeschleppt worden, welche von Bagdad kam. Die Untersuchung ergab aber mit aller Bestimmtheit, dass diese Karawane aus Leuten bestand, die sich wohl befanden, keinen einzigen Krankheitsfall während ihres Aufenthaltes hatten und ebenso gesund fortzogen, als sie angekommen waren. Auch war weder in Bagdad noch im Hedschas oder Yemen Cholera, bevor sie in Hama ausbrach.

Einige Aerzte Syriens sind nun geneigt anzunehmen, die Cholera sei in Hama autochthon entstanden oder habe sich aus ältern seit 1865 latent gebliebenen Keimen entwickelt, sei dann contagios geworden und habe sich nun von da durch Ansteckung weiter verbreitet. Man darf sich nicht wundern, wenn in Syrien solche Ansichten auftauchen, die ja auch an den Sitzen der europäischen Intelligenz und medizinischen Wissenschaft zahlreiche Vertreter haben.

Hama ist ein schon von früherher bekannter Lieblingssitz der Cholera, welcher auch im Jahre 1865 stark gelitten hat. Ein Augenzeuge beschreibt den Ort in Nr. 34 des Levant Herald vom 25. August d. J. in folgender Weise:

„Hama kann gegenüber allen Orten und Städten Syriens (mit Ausnahme von Tiberias und den Dörfern im Libanon) für sich den Vorrang in Schmutz in Anspruch nehmen. Es stinkt und starrt von Schmutz. Schlammig langt das Wasser des Orontes in ihm an, um es noch schlammiger zu verlassen. Neben allen Privilegien und Vortheilen der Bewässerung ruhen ganze Hügel von aufgehäuftem Unrath, von Schichten todter Hunde und anderen Aases früherer Generationen unbelästigt in der Majestät des Schmutzes. Als die Cholera in Hama erschien, war sie in der That zu Hause, unter Freunden und Verbündeten. Ich kenne nichts, was sich Hama, den Schmutz anlangend auch nur annähernd zur Seite stellen könnte, ausser ein Libanon-Dorf."

Wenn man nun auch den Schmutz von Hama als den Keimboden der Cholera ansehen möchte, dann begreift man nicht, wie die Bewohner von Beirut mit so grossem Erfolge nach dem Libanon flüchten konnten, wo es so unreinlich hergeht, wie in Hama. Trotz seines Schmutzes blieb der Libanon auch diesmal mit Ausnahme vereinzelter, meist eingeschleppter

Fälle frei von Choleraepidemien. Es scheint also Schmutz ohne weitere Bedingungen für sich allein doch noch nicht zu Choleraepidemien hinzureichen.

Sind im Libanon vielleicht die Isolir- und Desinfektionsmassregeln so vortrefflich geordnet gewesen, dass sie jeden eingeschleppten Cholerakeim vom örtlichen Schmutz entfernt hielten, oder dass von den Cholerafällen, welche unter den dahin aus der Ebene und dem Thale Geflüchteten vorkamen, keine weiteren Ansteckungen mehr ausgehen konnten? Der Correspondent des Levant Herald spricht sich auch darüber sehr unzweideutig aus. Er sagt: „Das Quarantänesystem im Libanon unter der Autorität von Rustem Pascha ist tiefen Studiums würdig. Der Pascha kann schwerlich für die Einzelnheiten des Schemas verantwortlich gemacht werden, sein ganzes Vorgehen illustrirt aber nur die Unmöglichkeit einer wirksamen, örtlichen Landquarantäne. Diesen Libanon-Dörfern, welche 1 bis 8 und 9 Stunden von Beirut entfernt sind, nähert man sich auf vielfach verschlungenen Wegen; zu einigen, die sehr zerstreut liegen, gelangt man auf 6 oder 8 verschiedenen Pfaden. Die Scheikhe der Dörfer sind durch Ordre des Paschas zu einer Quarantäne von 6 Tagen für jede Person, die aus Beirut kommt, ermächtigt. Geräthe, Betten etc. sind gleichfalls 6 Tage in Quarantäne zu halten. Aber Mehl, Reis, Kaffee, Zucker, Getreide etc. werden aus den Säcken der Maulthiertreiber auf Matten ausgeleert, und nachdem man sie etwas ausgebreitet hat, sofort wieder in die alten Säcke gefüllt und in's Dorf geschafft, während die Maulthiertreiber Quarantäne halten müssen.

„Die Hauptstrasse von Beirut in den Libanon zum Hauptsitze des Pascha's geht durch ein Dorf, an dessen Gränze hart an der Strasse die Zelt-Quarantäne aufgeschlagen ist. Mehrere Familien werden in die zerbrechliche, leinene Behausung gepfropft und andere schlafen unter den Oelbäumen nahebei. Nun kommt der Muselmann A von Beirut mit seiner Familie und bezieht ein Zelt. Er wird (quarantänisch gesprochen) in sechs Tagen „rein", d. h. er darf dann in den Ort gehen. Aber am dritten Tage kommt Muselmann B aus Beirut mit seiner Familie, und bezieht das gleiche, oder das daranstossende Zelt und in der Familie B kommt sofort Cholera zum Ausbruch. Aber nach 6 Tagen wird A doch als „rein" entlassen, obschon er 3 Tage lang in unmittelbarer Berührung mit Cholerakranken und ihrem Lager gewesen sein mag.

„Ein anderer charakteristischer Zug einer wirksamen Libanonquarantäne ist, dass sie innerhalb der Gränzen des Dorfes ausgeübt wird, aber weder mit einem Arzte, noch mit Medicamenten versehen ist. Wer in sc -iner barbarischen Anstalt von Cholera ergriffen wird, muss sterben ohne etwas anderes thun zu können, als die Luft um sich zu vergiften. Sollte ein Doctor im Dorfe versuchen, in diesem vogelfreien Gefängnisse einen Kranken zu besuchen, so wird man ihm verbieten in das Dorf zurückzukehren.

„Der Wechsel zwischen der Hitze der Stadt und zwischen der kalten Nachtluft des Gebirges erfordert ausserordentliche Vorsorge, namentli ch bei Frauen und Kindern, aber in vielen Dörfern findet man oft nicht einmal ein Leinwandzelt; ein Weinstock, oder Feigenbaum oder Oelbaum ist Alles, was vorgesehen ist, um vor der brennenden Hitze des Mittags und den frostigen Dämpfen der Mitternacht zu schützen. Vor wenigen Tagen war Dr. P. von Beirut zu einer reichen jüdischen Familie aus Damaskus in den Libanon gerufen. Der Haushalt zählte 40 Köpfe und 25 davon waren krank, sie litten an Frost und Fieber von der freien Quarantäneluft des Libanon.

„Um von einem Dorf in's andere zu gehen, muss man mit einem vom Scheikh des Dorfes signirten Papiere versehen sein, worin bezeugt wird, dass man von dem und dem Dorfe, zu der und der Zeit komme. Nun, — wären die alten ehrenfesten Scheikhs vom Libanon nur ganz unbestechliche Leute — dann wäre es ja recht und gut; aber wo ist der Mann, der einen Eid schwört, dass man nicht um 2 Franken oder 5 Franken von irgend einem Scheikh die nöthige Unterschrift zu einem Schriftstück kaufen könnte, in welchem nur steht, dass Said oder Omar (wenn auch eben erst aus Beirut angekommen) von dem und dem Dorfe gekommen und ein „reines" Individuum sei.

„Noch ein anderer charakteristischer Zug ist, dass die Choleraflüchtlinge von Beirut auf ihren Wegen hinauf auf den Libanon oft durch ein Dutzend von Dörfern gehen, ehe sie sich in einem festsetzen, und so die Cholera im Gebirge vielfach einschleppen können, dass sie aber erst zuletzt, ehe sie sich häuslich niederlassen wollen, 6 Tage lang in einen Oelberg eingeschlossen und der Fieberluft ausgesetzt werden.

„Die Unhaltbarkeiten des Systems sind handgreiflich, aber der Pascha musste dem Drängen der von Furcht gepeitschten Choleraflüchtlinge von Beirut nachkommen, welche, nachdem sie selber glücklich entwischt waren, nun zittern, dass nicht die Cholera ihnen in ihr Gebirgsasyl nachdringe.

„Im Jahre 1865 hatte man schon ähnliche Massregeln: da wurden die Maulthiertreiber, welche von Beirut kamen, auch in den ausserhalb der Stadt im Gebirge liegenden Quarantänen gelagert, aber sobald es stockfinstere Nacht war, krochen diese in ihre Dörfer, und schliefen dort

in ihren Häusern. Es wird jetzt geradeso sein. Der einzige Grund,
welcher zu Gunsten dieses Systems von Quarantänen angeführt werden
kann, ist, dass es die Nerven der Furchtsamen beruhigt und das öffentliche Vertrauen in den Bergen erhöht. Eine wirkliche Quarantäne ist
unmöglich. Piaster öffnen jedes dieser leinenen Thore zum Libanon.

„Wer aber beschreibt das Quälende und Drückende für Geschäfts-
leute, Aerzte und Andere, welche ihre Familien im Gebirge haben und
durch Pflichten des Geschäftes und der Menschlichkeit gezwungen sind,
die Wochentage in der Stadt zu verbringen! Die Aerzte und die Consuln
kann man nicht abhalten, man muss sie durchlassen, und da dann zuletzt
alle anständigen Leute den gleichen Anspruch zu haben glauben, so wird
das Ganze zu einer Posse."

Diese Schilderung eines Augenzeugen ist zwar drastisch, aber sie
macht den Eindruck der Wahrheit. Es wäre übrigens zu wundern, wenn
die Quarantänen im Libanon nicht trotzdem auch ferner ihre Vertheidiger
und Anwendung finden würden, denn so schlecht sie waren, eines spricht
doch zu ihren Gunsten: der Libanon blieb auch diessmal wieder frei von
Ortsepidemien. Das muss einen Grund gehabt haben, und wer sich
keinen denken kann, der lässt auch diese Quarantänen gelten. Es ist
damit in Syrien genau so, wie mit der Desinfektion der Excremente in
Europa. Ueberall wird jetzt zur Zeit der Choleragefahr desinficirt.
Bleibt nun eine Stadt frei von Cholera, dann hat die Desinfektion, wenn
sie auch nicht besser war, als die Quarantänen im Libanon, die Stadt
gerettet; wird sie ergriffen, dann hat selbst die Desinfektion es nicht zu
hindern vermocht, oder man erhebt den Vorwurf, dass in diesen Fällen
nicht richtig, sondern mangelhaft desinficirt worden sei. So muss auch
bei dem Militärcordon um Hama, weil er fruchtlos war, irgend etwas gefehlt haben, was im Libanon unter viel schwierigeren Verhältnissen nicht
abging, denn von Hama aus hat sich die Cholera trotz Cordon weiter verbreitet, während den Libanon die Quarantäne gerettet hat, obschon sie
so schlecht war, dass man es sehr leicht erklärlich gefunden hätte, wenn
die Cholera sich trotz dieser Quarantäne epidemisch auch im Gebirge
verbreitet hätte.

Wie lange wird unsere sanitätspolizeiliche Praxis sich noch auf so
schwacher, ich möchte fast sagen — kindischer Grundlage schaukeln
wollen, ehe sie sich männlich aufraffen und anstrengen wird, einen
solideren Boden zu gewinnen? Wie lange wird man sich ohne Grund
auch noch die grossen Geldopfer gefallen lassen, welche solche unfrucht-
bare Theorien in ihrem Gefolge haben?

Gehen wir nun zur Betrachtung eines weiteren Punktes über, welchen uns die Cholera in Syrien nahe gelegt hat. Da sich in Beirut die Choleraflucht im grössten Maassstabe diessmal so vortheilhaft bewährt hat, so muss man sich fragen, ob man dieses Mittel gelegentlich nicht auch in Europa versuchen sollte?

Der Choleraflucht liegen hauptsächlich zwei Motive zu Grunde, einmal will man einen inficirten Ort verlassen, und dann einen aufsuchen, der nicht nur noch nicht inficirt, sondern gar nicht inficirbar, der immun ist, und aus diesem zweiten Grunde floh man in Beirut nicht längs der Küste, sondern in's Gebirge. Städte, welche weit von einem Gebirge oder sonst immunen Gegenden liegen, müssten allerdings von vorneherein auf diese Wohlthat verzichten, aber auch für diejenigen Städte und Orte, welche in der Lage wären, nach diesem Mittel zu greifen, welches auch in Indien namentlich bei Kasernen und Gefängnissen längst nicht mehr zu den ungewöhnlichen gehört, sind die Erfahrungen, die man in Beirut gemacht hat, nicht sehr ermunternd. Ein Augenzeuge schreibt darüber aus Beirut am 7. August 1875: „Juden, Muhamedaner und Christen haben die Flucht nach den Höhen und Abhängen des Libanon ergriffen, bis diese Bergdörfer nun mit Fremden vollgepfropft sind. Hunderttausende von Piastern fliessen täglich in die Taschen dieser verschuldeten Gebirgsländer in der Form von übertriebenen Wohnungszinsen, Miethen für Maulthiere und für Beköstigung der unzählbaren Gäste. Auf der Hauptstrasse in Beirut ist es still, wie in Pompeji. Die Hunde ziehen rudelweise hungrig herum und finden kein Bein mehr. Die Nacht ist von den einsamen Wachtleuten gefürchtet, welche gemiethet sind, um die verlassenen Wohnungen zu hüten. Einbrüche sind in vollem Schwung und trotz aller Wachsamkeit des Mutasseriff wird die Mehrzahl der wohlhabenden Flüchtlinge bei der Rückkehr im Herbste nach Beirut finden, dass ihre Häuser befreit sind von Allem, was tragbar und werthvoll ist.“

Man sieht eine civilisirte europäische Stadt könnte kaum zu solchem Mittel greifen, denn die Folgen wären jedesmal schlimmer, als die eines Krieges; diesen wird wohl auch in Zukunft nichts übrig bleiben, als auf dem Schauplatz der Krankheit auszuharren, die Choleraflüchtlinge werden immer eine kleine Minorität bleiben müssen. Was soll aber thun, wer nicht fliehen will oder kann? Cordon ziehen, desinficiren, schwefeln, hie und da einen Brunnen sperren, saure Kirschen und Gurken confisciren, vor fetten Würsten sich hüten, übervolle Dunggruben leeren, keine Tanzmusiken, sondern nur Kirchen und Theater besuchen etc. etc. was Alles auch nichts hilft? Dass unter solchen Umständen selbst der Fatalismus

eines Moslim nicht mehr Stand hält, hat heuer der Kadi (der Richter)
von Beirut gezeigt, als er mitten im Gedränge der Flüchtlinge gleichfalls
in die Berge trabte. Ein arabisches Journal (Thumrat-el-Faunoau),
welches von einem talentvollen jungen Muhamedaner in Beirut heraus-
gegeben wird, brachte einen langen Artikel über „Gesetz und Glauben"
aus der Feder des gelehrten Muselmanns Achmed Effendi Achdab, worin
die Gläubigen gescholten werden, dass sie vor der Cholera davon laufen, aber
am Schlusse führt er doch, um nicht gar zu schroff zu erscheinen, noch
einen Ausspruch des Kalifen Omar an, welcher, als er sich einst weigerte,
einen Pestort zu betreten, gefragt wurde: „Willst du Gottes Gesetz ent-
rinnen?" Er antwortete: „Ja! von Gottes Gesetz zu Gottes Gesetz."
Und so floh heuer in Haufen auch die muselmannische Bevölkerung, um
Gottes Gesetz nicht in Beirut, sondern lieber im Libanon abzuwarten,
gleich dem grossen und strenggläubigen Kalifen Omar.

II. Hauptfaktoren der Cholera-Verbreitung.

Um die letzte Frage, um welche allein — offen gestanden — sich
vorläufig das grosse Publikum und auch die Behörden kümmern, nämlich
ob die Cholera 1875 in Syrien, ob überhaupt die zahlreichen Beobachtungen
und Untersuchungen, zu welchen die verheerenden Umzüge der Cholera über
den Erdkreis schon Veranlassung gegeben und Material geliefert haben,
irgend etwas Thatsächliches bieten, woran man sich halten könnte, um
das Auftreten der Krankheit, wenn auch nicht unmöglich zu machen, so
doch ihre Ausdehnung wesentlich zu beschränken, und auf diese Art die
Choleraflucht unnöthig zu machen? um diese praktische Frage zu be-
antworten, muss vorher etwas recapitulirt und auch schon oft Gesagtes
wiederholt werden.

Man kennt längst drei Hauptmomente, welche sich bei der Ausbreitung der Cholera in den Vordergrund drängen, den Einfluss des
Verkehrs mit Orten, in welchen die Krankheit herrscht, dann das ver-
schiedene Verhalten des Einzelnen gegen die specifische Choleraursache,
welche aus Choleraorten stammt, und durch den Verkehr verbreitet wird,
ohne dass Alle, welche damit in Berührung kommen, davon gleich afficirt
werden, indem die einen leicht, die andern schwer, und die Meisten gar
nicht erkranken, was man individuelle Disposition genannt hat, in welches
Kapitel auch die therapeutische Behandlung der Cholerakranken, das
Heilverfahren einschlägt, endlich den Einfluss, welchen die äussere Umgebung des Menschen ausübt, indem es Orte gibt, in welchen die Cholera
hingebracht regelmässig wuchert, und andere in welchen sie nie zur

Blüthe gelangt, was man allgemein mit Einfluss der Lokalität bezeichnet, wohin auch atmosphärische und zeitliche Einflüsse zu rechnen sind, da diese wie auf die Individuen ebenso auch auf die Oertlichkeiten wirken, in welchen sich die Individuen befinden.

a) Einfluss des Verkehrs.

Vom prophylaktischen Standpunkte aus erschien es vom Anfang an als das Nächstgelegene, Versuche anzustellen, um gegen den Einfluss des Verkehrs zu wirken. Da man den Verkehr auch der Cholera gegenüber und dem Leben zu liebe nicht entbehren und vollständig aufgeben kann, so war man bestrebt, denselben durch Cordone, Quarantänen und Desinfektionen von dem ihm anhaftenden Cholerakeime zu säubern. Wenn man die Resultate dieser Bestrebungen nur mit einiger Kritik in's Auge fasst, so lässt sich kein Nutzen davon nachweisen, auch keine Hoffnung daraus schöpfen, dass es künftig besser gelingen werde. Nicht einmal so isolirte kleine Punkte, wie Gibraltar, Malta und Gozo konnte man bisher vor Einbruch der Cholera schützen, wenn sich die Epidemie in der Umgegend zeigte, sie wurden stets wieder ergriffen, so oft ihre Zeit gekommen war. Man kann zwar sagen, unsere bisherigen Massregeln waren noch mangelhaft, man müsse sie eben besser machen, — aber Niemand weiss anzugeben, wie man z. B. eine Quarantäne noch wesentlich anders und besser einrichten und führen sollte, als sie 1865 in Malta war, und welche dort von dem Augenblicke an, als der Ausbruch der Cholera in Alexandria nach Malta telegraphirt war, vom 14. Juni bis 31. Juli aufrecht erhalten und erst wieder aufgegeben wurde, nachdem sich die Krankheit trotz Quarantäne wie sonst auch auf der ganzen Insel verbreitet zeigte. Die Quarantänepraxis arbeitet unter den möglichst ungünstigen Umständen, erstens kennt man den Stoff nicht, den sie zurückhalten oder zerstören soll, zweitens weiss sie nicht an was allem er haftet oder haften kann, und endlich ist der menschliche Verkehr ein so vielseitiges und verwickeltes Ding, dass er sich gar nie in dem Maasse wird beherrschen lassen, wie es nothwendig wäre, um jeden ihm anhaftenden Keim auszuschliessen. Auf jeder Zollgränze wird geschwärzt und jede Blokade wird gebrochen; da aber ein einziger Keim, zur günstigen entscheidenden Zeit über die Gränze gebracht, sich gleich wieder zur Frucht oder zum Samen für ein ganzes Land vermehrt, so ist die Erfolglosigkeit dieser Massregeln etwas selbstverständliches.

Dazu kommt noch, dass man nie weiss, w a n n der Verkehr Cholerakeim mit sich führt, und man weiss auch nicht, wie lange er eingeschleppt schlummern kann, bis er in einem Orte Wirkungen zu äussern anfängt. Wann und wie der Cholerakeim nach Hama kam, um im April 1875 dort den Ausbruch einer Epidemie zu verursachen, ist ebenso unbekannt, als wann und wie er 1873 nach Heilbronn, Speier oder München kam. Aber in München hat sich zur Evidenz erwiesen, dass der Keim stellenweise mindestens 4 bis 5 Monate liegen kann, ohne zu einer Epidemie zu werden, aber dann unerwartet zu einer solchen sich auswachsen kann. Die Zwei- theilung der letzten Münchener Epidemie in eine Sommer- und in eine Winter-Epidemie gehört zu den wichtigsten und interessantesten ätiologi- schen Thatsachen. Wenn man annehmen kann, dass 1873 der Cholera- keim von Wien nach München gebracht wurde, und da zu einer be- stimmten Zeit aufging, so muss man um so mehr zugeben, dass er dann in München während der Sommer-Epidemie Anfangs August auch schon von der Neuhausergasse bis in's Thal, vom Karlsplatz auf den Gärtner- platz gekommen ist. Ein paar vereinzelt bleibende Fälle kamen auch bereits im Sommer da zur Beobachtung, zum Zeichen, dass die Cholera als eingeschleppt auch in diesen Stadttheilen anzusehen war, aber Thal und Gärtnerplatz, sowie überhaupt der südöstliche tiefliegende Theil von München wurde doch erst im Winter epidemisch ergriffen. Der einge- schleppte Keim brauchte also mindestens 4 bis 5 Monate, bis sich alle Bedingungen eingestellt hatten, um sich zur Epidemie entwickeln zu können. Wenn aber so grosse Zeiträume zwischen Einschleppung des Keimes und einer Epidemie verstreichen können, wer bürgt dafür, dass durch den Verkehr der Cholerakeim, als er nach Hama gebracht wurde, zur selben Zeit nicht auch schon nach Damaskus und nach Beirut kam, sich nur dort später entwickelte, und dass der Cordon um Hama und die Quarantäne in Beirut viel zu spät daran waren, um der Einschleppung vorbeugen zu können?

Man ist nun geneigt, in Hama autochthone Entstehung anzunehmen. Aber wenn man diese für Hama annimmt, was hindert sie auch für Damas- kus anzunehmen? Vielleicht weil der Epidemie von Hama keine andere eines syrischen oder sonst in der Nähe befindlichen Ortes voranging, und in Damaskus nicht, weil sich da die Epidemie einige Wochen später als im Hama entwickelt hat?

Autochthone Entstehung und Einschleppung beliebig nebeneinander anzunehmen, wie es Einem gerade passt, ist nicht nur willkührlich, son- dern auch unstatthaft, und man kann der Ansicht, die in der Gazette médicale d'Orient sich ausgesprochen findet, nicht beipflichten, dass, wenn man sich das Entstehen der Epidemie in Hama und deren Verbreitung

in Syrien überhaupt erklären wolle, man annehmen müsse, „die Ueber-
füllung (l'encombrement), der Schmutz (le mephitisme), die Armuth
(la misère) hätten eine ‿holeraähnliche (cho[r]iforme) Krankheit erzeugt,
wozu die specifischen Elemente in zweiter Linie gekommen seien, die
Ansteckung zur primitiven Infection sich gesellt und dann den ersten
Rang eingenommen habe." Es ist auch nicht anzunehmen, „dass von
diesem Gesichtspunkte aus die Epidemie von Hama zu einer Fusion der
Localisten und Contagionisten beitragen könnte." (A ce point de vue,
l'épidémie de Hama pourrait contribuer à la fusion des localistes et des
contagionistes.) Eine solche Fusion wäre Auflösung beider Parteien
in Nichts.

      b) Einfluss der individuellen Disposition.

Auch der zweite Faktor der Choleraverbreitung, die individuelle
Disposition eignet sich nur sehr unvollkommen für allgemeine Durchführung ausgiebiger Massregeln. Könnte man allen Menschen die individuelle
Disposition an Cholera zu erkranken benehmen, so hätte man allerdings
ebenso wenig von der Krankheit zu leiden, wie die Hausthiere, welche
alle auch keine Disposition für Cholera zeigen, und ein Mittel, welches
das bewirken könnte, hätte gleichen Werth mit einer absoluten Ein-
stellung alles Verkehrs mit Choleraorten; aber dazu reichen unsere
Kenntnisse vom Wesen der individuellen Disposition noch lange nicht
aus. Man weiss zwar, dass das Alter unter 5 Jahren und das Alter
über 40 Jahren viel häufiger in schwere Cholera verfällt, als das Alter
von 10 bis 20 Jahren, das gewöhnlich mit leichten Diarrhöen davon
kommt; man weiss auch, dass die Armen und Schwächlichen mehr zu
leiden haben, als die Reichen und Kräftigen, aber man kann während
der Dauer einer Choleraepidemie nicht alle Menschen zwischen 10 und
20 Jahren alt, die Armen nicht reich und die Schwächlichen nicht
kräftig machen, man muss das wesentlich lassen, wie es ist, zur Zeit
wenn die Cholera ausbricht. Ein schon länger bestehender Körperzustand
ist nicht so schnell umgewandelt.

Auch die ärztliche Behandlungsweise der Kranken hat noch keine
wesentlichen Fortschritte gemacht, denn immer noch stirbt etwa die
Hälfte der eigentlichen Cholerafälle. Man weiss, dass den schweren
Cholerafällen, welche zur Hälfte tödtlichen Ausgang nehmen, kürzer oder
länger oft Diarrhöen vorausgehen, und dass sehr viele Diarrhöen nicht
in Cholera übergehen. Es ist nun gewiss öfter der Fall, dass die ärztliche Kunst rechtzeitig zu Hilfe gerufen, wirklich manchen Uebergang
von der Diarrhöe zur Cholera zu verhindern vermag, aber im grossen

Ganzen gibt es nicht aus. Erst jüngst ist die Hypothese [1] aufgestellt worden, dass die ganze individuelle Disposition für Cholera in gar nichts Anderem bestehe, als im Darmkatarrhe; und dass durch Aufsuchung und Behandlung aller Diarröhen von Haus zu Haus während einer Epidemie der Cholera die Spitze abgebrochen werden könnte. Ohne diesem gewiss nur empfehlenswerthen Streben allen praktischen Werth abzusprechen, darf doch nicht unerwähnt bleiben, dass nach den bereits vorliegenden Thatsachen auch darauf keine übertriebenen Hoffnungen gesetzt werden dürfen. Was die ärztlichen Haus- zu Haus-Besuche anstreben, das ist schon oft und namentlich erst wieder bei der letzten lang dauernden Choleraepidemie in München in allen Kasernen in einer Weise durchgeführt worden, wie es in Privatwohnungen gar nie möglich sein würde. Jedes Mannschaftszimmer wurde sorgfältig auf Diarrhöen examinirt, jeden Tag wurden die entdeckten Diarrhöekranken sofort zur geeigneten Behandlung in's Militärspital gebracht, und als man zuletzt untersuchte und verglich, in wie weit die Garnison gegenüber der Civilbevölkerung Münchens besser daran war, da ergab sich im Verhältniss der Todesfälle aber auch nicht der geringste Unterschied zu Gunsten der beim Militär mit so viel Strenge und Umsicht durchgeführten Massregeln, was um so bemerkenswerther ist, als das Militärspital sowohl während der Sommer-, als während der Winter-Epidemie von einer Hausepidemie verschont blieb, also nicht als Infektionsherd für an anderen Krankheiten leidendes Militär angesehen werden kann, während die beiden Civilkrankenhäuser Hausepidemien hatten, das Krankenhaus links der Isar sogar zwei. — Auch in den Gefängnissen hat man schon das Vorkommen von Diarrhöen zur Cholerazeit mit grosser Sorgfalt überwacht, aber auch da kein wesentliches Resultat erzielt. In der Gefangenanstalt Laufen kamen unter 522 Gefangenen 128 Cholerafälle, 43 Cholerinen und 126 Diarrhöen mit 83 Todesfällen vor, in dem Strafarbeitshause Rebdorf unter 353 Gefangenen 34 Cholerafälle, 31 Gastrointestinalkatarrhe und 50 Diarrhöen mit 22 Todesfällen. Um auf allgemeine Kosten theure Massregeln in's Werk zu setzen, dazu berechtigt keine blosse Meinung, sondern nur der nachweisbare gesundheitswirthschaftliche Nutzen.

Damit soll nicht gesagt sein, dass man aufhören solle, nach Mitteln zu suchen, die individuelle Disposition für Cholera auf das geringste Maas herabzusetzen. Gelänge es, eines zu finden, mit welchem man so

---

1) Dr. Freymuth. Gibt es ein praktisches Schutzmittel gegen die Cholera? Versuch der Rettung der Haus- zu Haus-Besuche. Berlin bei Herm. Peters 1875.

viel erzielen könnte, wie mit der Kuhpockenimpfung gegen die Menschen-
blattern, so wäre das vom höchsten Werthe. Gegen die Blattern konnte
man auch durch Sperr- und Isolir-Massregeln im Grossen nicht das Geringste ausrichten, so wenig wie bei der Cholera, erst als man ein Mittel
fand, welches nicht auf jeden Ausschluss des Verkehrs mit Blattern-
kranken zielte, sondern diesen geradezu freigab, wurde durch Vermin-
derung der individuellen Disposition für Blattern, die Kraft der Blattern-
seuchen gebrochen. Möchte ein so glücklicher Zufall, welcher die Melkerin
von Glocestershire veranlasste, ihre Erfahrung von der Schutzkraft der
Kuhpocken einem so scharfsinnigen und vorurtheilsfreien Arzte wie
Dr. Jenner mitzutheilen, auch recht bald für die Cholera eintreten!

c) Einfluss von Ort und Zeit.

Es ist nun noch zu erwägen, ob der dritte Faktor der Choleraverbreitung, die Lokalität mehr Aussicht auf ein wirksames praktisches Ein-
greifen darbietet. Alte und neue Untersuchungen haben über die Gränzen
des Zweifels hinaus wenigstens die Thatsache festgestellt, dass der Schwer-
punkt der Epidemien nicht in der Verbreitung des Cholerakeimes, sondern zumeist in der Lokalität liegt. Von Choleraorten aus wird der
Keim durch den Verkehr damit stets sehr vielfach verbreitet, aber trotz
freien und unbehinderten Verkehrs sind epidemische Explosionen doch nur
selten die Folge davon, und wo sie erfolgen, sieht man sich beim Ver-
gleiche mit der Mehrzahl der Orte, an welchen sie trotz Einschleppung nicht
erfolgen, und bei näherer Betrachtung, überall gezwungen, örtliche und
zeitliche, ausserhalb der Kranken liegende Momente zur Erklärung ihrer
Verwüstungen herbeizuziehen. Wer die Verbreitung der Cholera von einem
Infektionscentrum aus an den Fäden des Verkehrs und der einzelnen Erkrankungen in weiteren Kreisen umfassend verfolgt, dem kann das nicht
entgehen, und gegenüber den gegenwärtig noch herrschenden Ansichten
kann nicht oft genug wiederholt werden, „dass der Verkehr mit Choleraorten höchstens die Gefahr eines Zünders oder einer Lunte in sich trägt,
dass aber die Gewalt der Epidemie, die uns gesundheitswirthschaftlich ja
allein zum Einschreiten bestimmen kann, wozu einzelne sporadische Fälle
ja nie Anlass bieten würden, von lokal aufgehäuftem Brennstoffe, von dem
Pulver abhängt, womit die Mine zuvor geladen sein muss, wenn der
hineinfallende Funke eine grössere Wirkung äussern soll. Daraus geht
der für die Praxis, die wir gegen Epidemien richten wollen und sollen,
wichtigste Satz hervor, dass man viel klüger thut, diesen Minen und dem
örtlichen Pulver in denselben nachzuspüren, um es allmälig zu beseitigen,

ehe die Funken anfangen durch die Luft zu fliegen, als allen von den
durcheinander wirbelnden Winden des Verkehrs getragenen einzelnen
Funken nachzujagen und jeden einzeln zu löschen zu versuchen, ehe einer
eine Mine unter unsern Füssen oder neben uns entzündet, und uns dann
regelmässig sammt unseren Löschapparaten doch immer unsanft in die Luft
schleudert. Jedermann weiss, dass die brennende Lunte auf einem Ge-
schütz ohne Pulver ein ganz harmloses Ding ist, womit man nur Kinder
schrecken und woran man sich höchstens etwas die Finger verbrennen
kann. "

Gesundheitswirthschaftlich kann es uns gleichgiltig sein, wohin Krank-
heitskeime gebracht werden, wenn sie nur keinen erheblichen Schaden
an der allgemeinen Gesundheit anrichten. Der Cholerakeim ist — ich
möchte sagen glücklicher Weise — in seiner Wirkung an eine Anzahl
örtlicher und zeitlicher Momente gebunden, und wo und wann er diese
nicht findet, vermag er trotz vielfacher Einschleppung keinen solchen
Schaden anzurichten, dass es der Mühe werth wäre, allgemeine Massregeln
gegen seine Einschleppung zu richten, wenn man auch im Besitze von
Mitteln wäre, welche sie verhindern könnten. Es kommt nicht so sehr
darauf an, ob überhaupt Cholerakeim verbreitet wird, sondern wohin er
gebracht wird.

Dieser Hilfsmomente, welche gleichzeitig zusammenwirken müssen,
gibt es mehrere, aber gerade mit ihnen hat sich die wissenschaftliche
exakte Forschung erst vor Kurzem ernstlich zu beschäftigen angefangen,
wesshalb einstweilen nur wenig davon erforscht ist. Jedoch eines kann
bereits als sicher angenommen werden, nämlich dass der Boden und
dessen Verunreinigung durch die Abfälle des menschlichen Haushaltes
eine wesentliche Rolle dabei spielt, wenn wir auch die Art seiner Wirkung und seines Zusammenhanges mit dem durch den Verkehr verbreiteten
Cholerakeime noch gar nicht kennen. Diese Bodenverunreinigung ist ein
einzelnes Moment und genügt für sich allein auch noch nicht, sondern
es müssen noch andere hinzutreten, von denen wir einstweilen nur sehr
wenig wissen, aber das hindert nicht, e i n e n Bestandtheil des Gemenges
als wesentlich zu erkennen und darnach zu handeln.

Die Verunreinigung des Bodens mit den Abfallstoffen des menschlichen Haushaltes ist von der Choleralokalität ebenso nur ein Theil des
Ganzen, wie etwa die Kohle ein Bestandtheil des Schiesspulvers ist; mit
diesem Bestandtheil allein kann man nicht die geringste explosive
Wirkung ausüben, obschon er zum Schiesspulver unentbehrlich ist. Auch
mit den andern Bestandtheilen allein, mit Salpeter und Schwefel lässt

sich nichts ausrichten, sondern gerade nur mit der rechten Mischung aus allen dreien. Die Libanondörfer mögen ebenso viel Schmutz oder Kohle wie Hama gehabt haben, aber es scheint die nöthige Menge Schwefel oder Salpeter dazu gefehlt zu haben, oder es war das ganze Pulver zu feucht, als dass es die von Beirut und Damaskus aus durch den Libanon sprühenden Cholerafunken hätten entzünden können.

Das örtliche Cholerapulver ist wahrscheinlich nicht so einfach zusammengesetzt, wie das Schiesspulver, aber schon an diesem einfachen Präparate lässt sich demonstriren, wie stets eine bestimmte glückliche Mischung dazu gehört, um ein Unglück damit anzurichten und dass wenigstens „immer eins, zwei, drei dazu nöhig sei." Selbst in der ständigen Heimat der Cholera, in Niederbengalen sind nicht immer alle Bedingungen für Epidemien beisammen, bald scheint es eine Zeit lang an Schwefel oder an Salpeter, oder an beiden zu fehlen, obschon der Schmutz, die Kohle, und der Zünder oder die Lunte, einzelne Cholerafälle immer zugegen sind. In manchen Orten stellen sich alle nöthigen Bedingungen zusammen nur äusserst selten, in einigen gar nicht ein. So hat z. B. Lyon seit 1830 den zahlreichen Einschleppungen von Marseille und Paris aus bis jetzt immer glücklich widerstanden, mit der einzigen kleinen Ausnahme im Jahre 1854, wo nach vorausgegangener halbjähriger, abnormer Trockenheit die beiden tief auf Alluvialboden liegenden Stadtheile Guillotière und Perrache epidemisch von Cholera ergriffen wurden, während die hoch auf den Granithöhen liegenden Croix rousse, Fourvière, St. Just, St. Foy etc. auch diessmal ebenso frei von der Epidemie blieben, wie 1849 ganz Lyon, obschon damals der Aufstand war, in Marseille und Paris Cholera herrschte und die Stadt von Regimentern belagert, erobert und besetzt wurde, welche die Cholera mitgebracht hatten. Nach Lyon fliehen zu Cholerazeiten die reichen Leute aus Paris und Marseille, wie die Einwohner von Beirut und Damaskus nach den Libanon, und mit gleich günstigem Erfolge. Binnen 40 Jahren hatte Lyon nur einmal, und auch da nur in sehr beschränkter Ausdehnung alle Bedingungen der örtlichen und zeitlichen Disposition für Cholera, obschon es an Schmutz und Einschleppungen nie gefehlt hat. Die überfüllten Arbeiterquartiere auf Croix rousse sind vielleicht so schmutzig wie ein Libanondorf, ja ich habe Häuser dort besucht, die sich selbst sogar mit Hama messen können.

Es ist möglich, dass wir an andern Momenten als dem Boden und dessen Verunreinigung, dass wir an anderen örtlichen und zeitlichen Bedingungen, die man mit Schwefel und Salpeter des Pulvers vergleichen kann, auch noch Anhaltspunkte, ja vielleicht noch bequemere gewinnen, wenn wir diese Dinge noch besser studirt und kennen gelernt haben, wodurch wir der Entwicklung von Epidemien vorbeugen können, aber vorläufig genügt es, sich an das Bekannte, an die Kohle zu halten, und diese überall möglichst zu entfernen zu suchen. Wenn ein Vorgang von einer Reihe, von einer Kette von wesentlichen Ursachen abhängt, dann ist es, um ihn zu verhindern, nicht nothwendig, jedes einzelne Glied der Kette einzeln zu zerbrechen, sondern dann genügt schon ein einziges dazu, allen Zusammenhang zu lösen. Und so ist der menschliche Verkehr gewiss auch ein wesentliches Glied in der Kette der Ursachen der Verbreitung der Cholera, aber leider ein noch ganz im Dunkel liegendes, und in der Praxis am ungeschicktesten und schwierigsten im erforderlichen Grade zu fassen und am wenigsten zu halten. Wir können nicht allen Verkehr aufgeben, um vor der Cholera sicher zu sein, denn die Consequenzen wären viel schlimmer als hie und da eine Choleraepidemie, abgesehen davon, dass alle bisherigen Bemühungen in dieser Richtung ohnehin fruchtlos geblieben sind und wohl auch immer bleiben werden. Halten wir uns daher einstweilen an den Boden.

III. Choleraprophylaxe.

Wer als Hauptziel der praktischen Thätigkeit gegen Choleraepidemien die Reinigung und Reinhaltung des Bodens der menschlichen Wohnstätten bezeichnet, der muss sich auch darüber klar sein, was in dieser Beziehung zu thun ist und geschehen kann, und ob das, was etwa schon geschehen ist, auch wirklich genützt hat. Die meisten glauben, wenn sie von der Assanirung des Bodens einer Stadt oder eines Ortes hören, dass damit eigentlich doch nichts anzufangen sei, denn man könne einem Orte doch keine andere Lage und keinen anderen Boden geben, als er von Natur aus hat; man müsse die wesentlichen Verhältnisse lassen, wie sie eben sind oder im Laufe der Zeit geworden sind; Menschenhand vermöge daran nichts zu ändern. Es kann sich allerdings gar nie darum handeln, einen Alluvialboden in compakten Granit, oder eine Lehmschichte, auf der ein Ort steht, in eine Sandschichte zu verwandeln; es soll am Boden nichts geändert werden, als was der Mensch auch schon bisher an ihm geändert hat, nur soll künftig der Mensch die Aenderung in einer anderen in der entgegengesetzten Richtung vornehmen. Bisher haben wir den Boden mit den Abfällen unseres Haushaltes vielfach imprägnirt, künftig sollen wir dass nicht mehr thun, sondern diese Abfälle in anderer Weise beseitigen, sie von unsern Wohnstätten möglicht fern halten, und wie wir den Baugrund unserer Häuser bisher unbedenklich mit allen möglichen

Unsauberkeiten getränkt haben und sie von ihm weiter verarbeiten liessen,
so sollen wir ihn fortan nur mehr mit reiner Luft und reinem Wasser
fegen, dann werden wir bald auch allen alten Schmutz, der aus früheren
Zeiten darin zurückgeblieben ist, daraus wieder fortschaffen, gleichwie
ein Leichenacker von faulenden Leichen frei wird, ohne dass man sie
ausgräbt, sobald man aufhört, neue Beerdigungen vorzunehmen.

Regelrechte Kanalisation und reichliche Versorgung mit reinem
Wasser, Entfernung aller Versitzgruben, überhaupt aller Gelegenheiten,
welche den Grund unserer Wohngebäude und ihrer nächsten Umgebung
mit reichlicher Nahrung für das organische Leben im Boden bisher so
allgemein versehen haben, Beseitigung der Stauungen für den Abfluss des
Wassers auf der Oberfläche und unter derselben, wodurch so grosse
Schwankungen im Feuchtigkeitsgehalte des Bodens eingetreten sind, —
das müssen unsere Ziele werden.

Es ist ungerechtfertigt, bei der Wasserversorgung einen Unterschied
zwischen Trinkwasser und Nutzwasser zu machen, soweit die Reinheit
des Wassers in Frage kommt. Wenn wir unreines Wasser, keimtragendes
Wasser in grossen Massen in unsere Wohnungen und auf die Oberfläche
des Bodens bringen, so pflanzen wir damit gewiss öfter und mehr Schäd-
lichkeiten an, als wenn wir von solchem Wasser ein Glas trinken, inso-
ferne unser Magen durch seinen besondern Saft gar manchen Infektions-
stoff verdaut, der direkt oder durch die Lungen in's Blut gebracht
schädlich wirkt, wie z. B. die Versuche von Colin bewiesen haben, dass
im Magen selbst Milzbrandgift desinficirt und unschädlich wird.

Den Anforderungen der Sistirung der Bodenverunreinigung und den
Anforderungen der Reinigung eines imprägnirten Bodens muss mit der
Zeit nicht nur wegen der Cholera, sondern auch aus anderen sanitären
Gründen genügt werden, denn unreiner Boden spielt nicht nur bei Cholera-
Epidemien, sondern auch bei anderen gesundheitswirthschaftlich sehr
wichtigen Krankheiten, z. B. beim Abdominaltyphus eine nicht mehr
länger zu verkennende, hervorragende Rolle. Jeder Ort nun, welcher
sich diese Aufgabe ernstlich stellt, leistet dann nicht blos zeitweise etwas
gegen die Cholera, sondern für immer und beständig auch etwas Grosses
für die Gesundheit überhaupt.

Dem kann man nur entgegnen, dass bei aller Anerkennung der
Zweckmässigkeit und des Nutzens der Sache die Aufgabe doch technisch
eine schwierige, finanziell eine theuere und aus gar manchen Gründen
nicht überall durchführbar sei.

Die technischen Schwierigkeiten sind grossentheils schon glücklich üb erwunden, und durch vermehrte Anwendung werden sie immer noch mehr überwunden werden. Selbst wenn noch nicht alle Verunreinigung des Bodens hintangehalten wird, so kann sie doch um ein sehr beträchtliches herabgemindert werden. Die Aufgabe ist allerdings gross, und die wenigsten Menschen haben eine genügende Vorstellung davon. Rechnet man durchschnittlich nur

für 1 Person im Jahre			
	34	Kilo	Koth
	428	„	Harn
11 Zentner 567	90	„	Küchenabfälle und Hauskehricht
	15	„	Asche (bei Holzfeuerung) und
146 Zentner	7300	„	Gebrauchswasser (20 Liter per Tag)

so macht das jährlich 7867 Kilo, oder mehrere Lastfuhren für eine Person, was fortgeschafft werden muss, wenn es sich nicht anhäufen und in den Boden eindringen soll. Da diese Zahlen einer aus Kindern und Erwachsenen zusammengesetzten Bevölkerung männlichen und weiblichen Geschlechts entsprechen, und das Körpergewicht einer solchen Durchschnittsperson höchstens zu 45 Kilo angenommen werden kann, so staunt man, wie schon die jährliche Harnmenge allein das Durchschnittsgewicht der Person, von welcher der Harn stammt, um das 10fache übersteigt.

Aus diesen Zahlen dürfte aber auch jedermann sofort einleuchtend werden, wie unvollkommen durchschnittlich unsere bisherigen Methoden zur Entfernung dieser Abfälle gewesen sein und in welch hohem Grade sie zur Verunreinigung unserer Wohnplätze beigetragen haben müssen. Bisher musste unter gewöhnlichen Umständen der Boden sicherlich mehr als 90 Procent davon verarbeiten. Wenn wir nun künftig vielleicht auch nicht alles entfernen können, so müssen wir doch streben, das Maass der Verunreinigung auf 20 bis 10 Procent herunterzubringen.

Was die Kosten anlangt, so decken sich dieselben leicht durch den Wegfall der Ausgaben, welche wir schon bisher oft bei Epidemien ohne Murren geleistet haben. Wenn von den 60,000 Einwohnern von Beirut, von denen 3/4 nach dem Libanon geflohen waren, wirklich nur 40,000 dort zwei Monate lang den Ablauf der Cholera abwarteten, und jeder Tag für 1 Person nur 1 Mark Kosten verursachte, so haben die zwei Monate Choleraflucht allein schon 2400000 Mark gekostet.

Wenn eine möglichst vollständige Bodenreinigung nicht überall in jedem Orte durchführbar ist, so darf das kein Grund sein, sie dort in Angriff zu nehmen, wo sie durchführbar ist. Es schadet nichts, sondern kann nur viel nützen, wenn einstweilen bloss die Städte, ja selbst bloss die grösseren Städte dem platten Lande vorausgehen. Die Städte sind viel grössere Verkehrscentren, als die Dörfer. Desswegen werden sehr regelmässig auch die Städte früher von Cholera ergriffen, als das Land umher, und wäre die Cholera nicht in der Stadt, so könnte sie auch nicht auf das Land verschleppt werden. Je grösser ein Ort und sein Verkehr ist, desto wichtiger ist es für's Allgemeine, dass er frei von verschleppbaren Epidemien bleibe.

Aber — fragen ängstliche Gemüther — wird das Mittel auch wirklich helfen? Täuscht man sich da nicht auch? Es ist merkwürdig, dass diesen, welche so fragen, in der Regel kein Mittel zweifelhaft dünkt, sobald ihnen die Gefahr im Nacken sitzt, und dass es ihnen dann auch nicht leicht zu theuer vorkommt, wenn es nur eines ist, was man sofort haben und anwenden kann. Sobald aber die Gefahr wieder verschwunden ist, dann werden die nämlichen Leute auch wieder hochkritisch und ist ihnen alles zu theuer, wenn es sich auch um etwas handelt, das man noch zu vielen andern Zwecken, als die Furcht zu bannen, nützlich verwenden könnte. Viele glauben weise zu sein, wenn sie sagen, es komme nicht bloss auf den Boden und seine Verunreinigung an, sondern es spielen da noch eine Anzahl anderer Ursachen mit, gegen die man auch etwas thun müsse, und wenn man allen Rathschlägen, die da nun laut werden, folgte, so geschähe schliesslich allerdings mancherlei, in allen Richtungen etwas, aber im Ganzen n i c h t s. Anstatt einen einzigen der wesentlichen Bestandtheile des Pulvers für örtliche Epidemien, z. B. die Kohle, möglichst ganz zu entfernen, und die übrige Mischung von Salpeter und Schwefel dadurch unwirksam zu machen, nimmt man neben etwas Kohle wohl auch etwas Schwefel und auch etwas Salpeter hinweg, aber lässt im Ganzen noch Pulver genug übrig, um wieder in die Luft zu fliegen, sobald ein Funke von aussen kommt.

Man muss die Sache wenigstens in e i n e r Richtung g r ü n d l i c h machen. Wenn kanalisirt wird und nebenbei der Unrath wie vorher in den Häusern und in den Gruben bleibt, wenn die Kanäle weiter zu nichts dienen, als das Regenwasser und den Ablauf der Brunnen aufzunehmen, oder wenn die Kanäle ohne gehöriges Profil und Gefälle, oder ohne Spülung, oder ohne Sohle, oder ohne solide Sohle sind, — dann können allerdings auch sie die Verunreinigung des Bodens nicht vermindern, sondern sogar zu deren Vermehrung beitragen; — aber wo die Arbeit mit Zugrundelegung ihres eigentlichen prinzipiellen Zweckes durchgeführt worden ist, da hat sie bisher überall einen nachweisbaren günstigen Einfluss auf die Ortsgesundheit ausgeübt und sich namentlich auch als Mittel gegen die Cholera bewährt. Die Untersuchung von John Simon im 9. Jahresberichte 1866 an das Privy Council über die Abnahme der Mortalität in 24 englischen Städten nach der Durchführung der sogenannten Sanitary Works ist in ihrem wesentlichen Resultate auch ferner bis zum heutigen Tage durch die Thatsachen bestätigt worden. Die geringe Ausdehnung und die geringe Intensität der Cholera in England im Jahre 1866, die Nichtbetheiligung Englands seitdem an den Choleraepidemien des benachbarten Kontinents muss gegenüber den zahlreichen und heftigen Epidemien in den dreissiger, vierziger und fünfziger Jahren in England als ein Zeugniss betrachtet werden, dass man praktisch auf dem rechten Wege sei, 1866 hat Lübeck im Gegensatz zu seinem sonstigen Verhalten nur einige wenige Cholerafälle gehabt, nachdem auf Anregung von Dr. Cordes eine systematische Canalisation durchgeführt worden war, und wer noch zweifeln wollte, den konnte erst jüngst 1873 das Verhalten der Cholera in zwei deutschen Städten überzeugen, welche früher bei jeder Gelegenheit sich durch heftige und häufige Choleraepidemien auszeichneten, ich meine Danzig und Halle a. d. Saale. So oft im Regierungsbezirke Danzig die Bedingungen für Choleraepidemien gegeben waren, war die Stadt Danzig Hauptsitz der Krankheit, und diessmal war die Cholera in mehreren Orten des Regierungsbezirks so heftig wie sonst, ja sie rückte bis vor die Thore der Stadt (Heubude und Strohteich), aber in der Stadt Danzig selbst ging es diessmal mit etwa 100 Fällen ab, von denen die Mehrzahl, namentlich lokal gehäuftere Erkrankungen fast ausschliesslich auf Häuser trafen, welche ihr altes Senkgrubensystem noch beibehalten hatten.

Auch die Stadt Halle hatte eine traurige Berühmtheit für Cholera noch bis zum Jahre 1866 gezeigt, aber im Jahre 1873 wanderte die Krankheit in epidemischer Ausbreitung von Magdeburg bis in die Vororte von Halle, und die Stadt blieb diessmal verschont.

Diese Thatsachen im Verein mit anderen sind doch zu auffallend, als dass man nicht fragen sollte, was denn Danzig und Halle seit 1866 gethan haben, dass sie gegen alle sonstige Regel 1873 so gut wegkamen? Danzig hat seitdem durch seinen Oberbürgermeister v. Winter aufgestachelt wesentlich nur einen regelrechten, raschen Ablauf für allen schwemmbaren Unrath aus den Häusern hergestellt und das hiefür nöthige reine Wasser von aussen zugeführt. Auch Halle hat inzwischen durch Delbrück's Untersuchungen aufmerksam gemacht seinen Boden genauer untersucht und viel für die Reinigung desselben gethan, namentlich auch seine alte Wasserkunst aufgegeben, welche aus der Saale an einer Stelle schöpfte, oberhalb welcher die Kloaken der Stadt in den Fluss mündeten, und von wo aus der verdünnte Unrath neuerdings in die Häuser zurückgelangte und auf dem Boden der Stadt ausgebreitet wurde. Dafür wurde nun von aussen die nöthige Menge reinen Wassers beigeschafft.

Jedenfalls sieht man, dass sowohl in Danzig als in Halle irgend ein wesentliches Glied der Kette der örtlichen Ursachen der Cholera zwischen 1866 und 1873 gesprengt worden sein muss, und wenn man Alles noch so genau erwägt, so findet man nichts, als die vermehrte Reinhaltung des Bodens. Die Praxis kann daher ruhig fortmachen und dem noch herrschenden Streite zwischen Contagionisten und Lokalisten zuschauen und diese ihn ausfechten lassen, auf welche Art Kanalisirung und Wasserversorgung wirken; dass sie wirken, wird keiner der Kämpfenden mehr bestreiten, alle sehen ein, dass wir den Boden unserer Wohnorte, wenn er rein ist, auch zur Cholerazeit nicht zu fliehen nothwendig haben.

Von diesem Standpunkte aus vermag man nicht bloss in den nächsten Kreisen, sondern auch noch weit über die Gränzen Europa's hinaus günstig für die öffentliche Gesundheit zu wirken. Durch eine gründliche Bodenreinigung auch in den orientalischen Städten vermag man der Cholera den wesentlichsten Theil der Fähigkeit zu benehmen, auf weitere Strecken aus ihrer Heimat bis zu uns zu wandern, wozu sie erfahrungsgemäss in gewissen Abständen von Indien immer wieder Stationen, Haltplätze auf dem Lande bedarf, um sich da, wie im heimischen Boden erst wieder zu regeneriren und neue Kraft zu gewinnen, ehe sie von solchen Etapen aus durch den Verkehr weiter verschleppt werden kann. Die Geschichte beweist zur Evidenz, dass die Cholera durch den Seeverkehr über gewisse Entfernungen oder richtiger gesagt, über eine gewisse Zeitdauer der Reise hinaus nicht verschleppt werden kann. England hat durch seinen ununterbrochenen grossartigen Seeverkehr mit Indien über das Kap der guten Hoffnung noch nie Cholera bekommen, ja das Capland selbst hat noch nie eine Epidemie gehabt, so wenig als Australien, — England hat seine Epidemien immer erst bekommen, wenn die Cholera auf dem europäischen Continente über Asien zu Land oder die kurze Strecke über das Mittelmeer zur See gewandert war. Die Schiffe nehmen allerdings hie und da ausser bereits cholerakranken oder cholerainficirten Personen in noch nicht näher bekannter Weise aus Choleraorten auch Cholerastoff an Bord mit, der sowohl auf dem Schiffe weitere Infectionen veranlassen, als auch keimfähig anderswo vom Schiff an's Land getragen werden kann. der aber auf den Schiffen, wenn diese kein Land berühren, meist in drei bis vier Wochen regelmässig abstirbt. Es sind nur wenige Fälle bekannt, in denen er sich über ein Monat auf Schiffen conservirt hat. Das nämliche hat man bei Karawanen beobachtet, wenn deren Weg durch eine Wüste wenigstens 3 Wochen dauert. Die Wasserwüste und die Sandwüste scheinen nie die Bedingungen zur Reproduktion des Cholerainfectionsstoffes zu bieten, welchen das Ganges-Delta und andere Theile Indiens seit Jahrtausenden erzeugen. Es gehört der Boden nothwendig dazu, und nur im Boden des endemischen Choleragebietes in Indien finden sich alle Bedingungen zur ständigen Erhaltung und zu zeitweisen Epidemien und zu letzteren häufiger, als ausser Indiens zusammen, als dort gewisse meteorologische Einflüsse auf den Boden, die auch dazu gehören, sich regelmässiger und ausgebildeter finden. Alle diese örtlichen und zeitlichen Bedingungen finden sich anderwärts seltener zusammen: die Cholera wird von Indien aus erfahrungsgemäss viel öfter nach Bender-Buschir am persischen und nach Suez am rothen Meere gebracht, als sie sich da zu Epidemien entwickelt, und nur gleichsam neu entstanden kann sie dann von diesen Landstationen wieder weiter getragen werden.

Da die Cholera aus Indien nur mit Hilfe gewisser Landetappen nach Europa wandert, so darf man hoffen, dass man durch Assanirung des Bodens derselben gegen die Choleraverbreitung unendlich mehr ausrichten wird, als wir durch alle bisherigen Quarantänen und Cordone und Inspectionen je vermocht haben oder künftig zu wirken hoffen können. Um aber in dieser Richtung etwas thun zu können, darf man nie warten, bis die Cholera ausbricht, da ist von kurzer Hand nicht das geringste zu machen, wie die Erfahrung bis jetzt hinreichend gelehrt hat, sondern da muss Alles länger vorbereitet und ausgeführt sein. Wie es eine Handels- und Eisenbahnpolitik gibt, so muss man auch Gesundheitspolitik treiben. Assanirung der Verkehrscentren im Orient ist für die Choleraprophylaxe die wichtigste Aufgabe und vorläufig das einzige Mittel, welches sich vor der Erfahrung und vor dem gesunden Menschenverstande rechtfertigen lässt; alles übrige, was bisher geschah, sind bloss nutzlose, momentane, unwillkührliche Zuckungen, krampfhafte Bewegungen, in die wir gerathen, so oft uns das Uebel befällt, mit denen aber auch nicht das geringste am Stande der Sache geändert wird, wenn sie auch noch so energisch ausgeführt werden.